全民应急避险科普丛书

QUANMIN YINGJI BIXIAN KEPU CONGSHU

地震防御及应急避险指南

DIZHEN FANGYU JI YINGJI BIXIAN ZHINAN

中国安全生产科学研究院 编

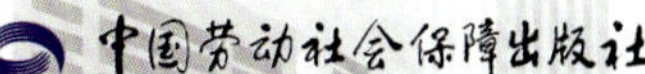

图书在版编目（CIP）数据

地震防御及应急避险指南/中国安全生产科学研究院编. -- 北京：中国劳动社会保障出版社，2020
（全民应急避险科普丛书）
ISBN 978-7-5167-4831-2

Ⅰ.①地…　Ⅱ.①中…　Ⅲ.①地震灾害 - 灾害防治 - 指南②地震灾害 - 自救互救 - 指南　Ⅳ.①P315.9-62

中国版本图书馆 CIP 数据核字（2020）第 226969 号

中国劳动社会保障出版社出版发行
（北京市惠新东街 1 号　邮政编码：100029）
*
北京市艺辉印刷有限公司印刷装订　新华书店经销
787 毫米 × 1092 毫米　32 开本　3 印张　50 千字
2020 年 12 月第 1 版　2022 年 2 月第 4 次印刷
定价：15.00 元

读者服务部电话：（010）64929211/84209101/64921644
营销中心电话：（010）64962347
出版社网址：http://www.class.com.cn

编　委　会

前　言

我国幅员辽阔，由于受复杂的自然地理环境和气候条件的影响，一直是世界上自然灾害非常严重的国家之一，灾害种类多、分布地域广、发生频次高、造成损失重。同时，我国各类事故隐患和安全风险交织叠加。在我国经济社会快速发展的同时，事故灾难等突发事件给人们的生命财产带来巨大损失。

党的十八大以来，以习近平同志为核心的党中央高度重视应急管理工作，习近平总书记对应急管理工作作出了一系列重要指示，为做好新时代公共安全与应急管理工作提供了行动指南。2018 年 3 月，第十三届全国人民代表大会第一次会议批准的国务院机构改革方案提出组建中华人民共和国应急管理部。2019 年 11 月，习近平总书记在中央政治局第十九次集体学习时强调，要着力做好重特大突发事件应对准备工作。既要有防范风险的先手，也要有应对和化解风险挑战的高招；既要打好防范和抵御风险的有准备之战，也要打好化险为夷、转危为机的战略主动战。因此，做好安全应急避险科普工作，既是一项迫切的工作，又是一项长期的任务。

面向全民普及安全应急避险和自护自救等知识，强化安全意识，提升安全素质，切实提高公众应对突发事件的应急避险能力，是全社会的责任。为此，中国安全生产科学研究院组织相关专家策划编写了《全民应急避险科普丛书》（共 12 分册），这套丛书坚持实际、实用、实效的原则，内容通俗易懂、形式生动活泼，具有针对性和实用性，力求成为全民安全应急避险的“科学指南”。

我们坚信，通过全社会的共同努力和通力配合，向全民宣传普及安全应急避险知识和应对突发事件的科学有效的方法，全民的应急意识和避险能力必将逐步提高，人民的生命财产安全必将得到有效保护，人民群众的获得感、幸福感、安全感必将不断增强。

编者

2020 年 8 月

目 录

Mulu

一、我国地震灾害基本情况

二、地震基础知识

三、震时应急避险措施

四、震后自救与互救方法

五、震后次生灾害防范与应急避险措施

六、典型案例

一、我国地震灾害基本情况

Woguo Dizhen Zaihai Jiben Qingkuang

我国地震灾害基本情况

1. 我国地震灾害的现状
2. 我国地震灾害的特点
3. 我国地震带的分布情况

1. 我国地震灾害的现状

地震是我国经常发生的自然灾害之一。20世纪以来，我国有60多万人死于地震，约占同期全世界地震死亡人数的一半。21世纪以来，我国大陆地区共发生成灾地震207次，造成10 888.35亿元的经济损失，平均每年604.9亿元。

近年来，我国大陆地区共有17个省（自治区、直辖市）遭受了地震灾害，地震灾害空间分布范围扩大。破坏性较强的地震集中在我国西部地区，主要包括云南省、四川省、甘肃省、新疆维吾尔自治区等地，地震灾害经济损失四川省占比为45.73%、云南省占比为19.7%、甘肃省占比为14.1%、新疆维吾尔自治区占比为9.41%。

2019年，我国共发生32次5级以上地震，其中，大陆地区共发生20次5级以上地震，较近5年均值（16次）增加4次，但总体强度偏弱，其中6级以上地震2次，分别是4月24日西藏自治区墨脱县6.3级地震和6月17日四川省长宁县6.0级地震，未发生7级以上地震。西部地区5级以上地震占全国总数的85%。地震共造成10个省（自治区、直辖市）59.4万人次受灾、17人死亡（失踪）、14万人次紧急转移安置；3 900余间房屋倒塌，33.4万间房屋不同程度损坏；直接经济损失91亿元。同2000—2018年均值相比，2019年我国大陆地区地震灾害主要灾情指标均减少50%以上，其中死亡（失踪）人口减少90%以上，见表1。

表1 2008—2019年我国大陆地区地震灾害数据统计

年份	地震灾害次数（次）	死亡（失踪）（人）	受伤（人）	直接经济损失（亿元）
2008年	17	69 283	377 010	8 594.96
2009年	8	3	404	27.38
2010年	12	2 705	11 088	235.67
2011年	18	32	506	60.11
2012年	12	86	1 331	82.88
2013年	14	294	15 671	995.36
2014年	20	624	3 688	355.64
2015年	14	33	1 217	180
2016年	16	2	103	66.78
2017年	12	38	638	148
2018年	11	0	85	30
2019年	20	17	411	91

近年来，我国大陆地区地震灾害时有发生。

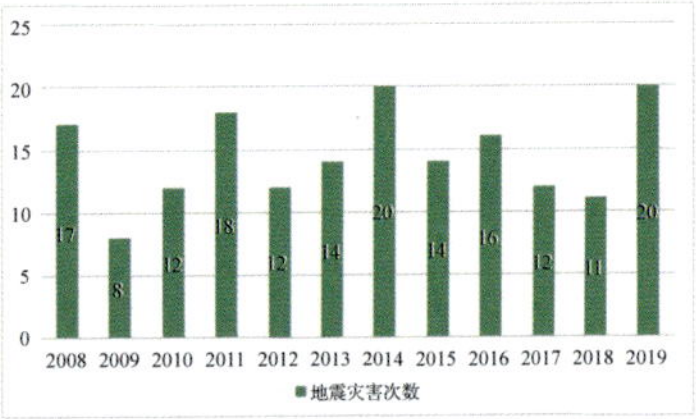

2008—2019年我国大陆地区地震灾害发生次数（次）

2. 我国地震灾害的特点

灾害多、分布广

我国位于世界两大地震带——环太平洋地震带与欧亚地震带的交汇部位，受太平洋板块、印度板块和菲律宾板块的挤压，地震断裂带十分发育，因此我国地震灾害较多，陆地地震占全球陆地地震的30%左右。

我国各省、自治区、直辖市均发生过5级以上破坏性地震，其中，29个省（市、区）发生过6级以上地震、20个省（市、区）发生过7级以上地震。全国41%的国土、50%左右的城市、70%左右百万以上人口的大、中城市位于Ⅶ度以上的地震高烈度区。

频率高

有关数据显示，我国大陆地区平均每年发生5级以上地震20次、6级以上地震4次，7级以上地震每三年发生两次。

震源浅

我国除东北地区、台湾地区和新疆帕米尔地区一带有少数中源地震和深源地震外，大陆地区94%以上的地震都是震源深度小于40千米的浅源地震。由于震源浅，对地表的建（构）筑物造成的破坏十分强烈。

强度大

20世纪以来，全世界死亡人数前十位的地震里，有三场在中国，它们分别是1920年甘肃海原（现属宁夏）大地震，死亡27.3万人；1976年河北唐山大地震，死亡24.3万人；2008年四川汶川大地震，死亡及失踪8.7万余人。

西多东少

我国地震灾害在空间分布上具有明显的不均匀性，强震分布具有西多东少的特点。我国大陆近90%的7级以上地震发生在西部地区，西部地区由于受自然环境、经济条件等因素制约，地震往往会造成较大损失。

3. 我国地震带的分布情况

我国的地震活动主要分布在5个地区的20多条地震带上。这 5个地区是：

台湾地区及其附近海域。

西南地区——主要是西藏自治区、四川西部和云南中西部。滇东北的地震也较多，如，2012年9月7日11时19分，云南省昭通市彝良县与贵州省毕节地区威宁彝族回族苗族自治县交界处发生5.7级地震；12时16分，彝良

县又发生5.6级地震。2014年8月3日，云南省昭通市鲁甸县发生6.5级地震。2020年5月18日，云南省昭通市巧家县发生5.0级地震。

西北地区——主要在甘肃河西走廊、青海省、宁夏回族自治区、新疆维吾尔自治区天山南北麓。

华北地区——主要在太行山两侧、汾渭河谷、阴山—燕山一带、山东中部和渤海湾。

东南沿海地区——主要是广东省、福建省等沿海一带。

在我国，台湾地区位于环太平洋地震带上，西藏、新疆、云南、四川、青海等省区位于地中海—喜马拉雅地震带上，其他省区处于相关的地震带上。

二、地震基础知识

Dizhen Jichu Zhishi

地震基础知识

1. 地震概念
2. 地震类型
3. 地震危害
4. 地震震级
5. 地震烈度
6. 地震前兆
7. 地震预警
8. 地震应急避难场所
9. 地震防御准备

1. 地震概念

地震又称地动、地振动，是地壳快速释放能量过程中造成振动，其间会产生地震波的一种自然现象。地球上板块与板块之间相互挤压碰撞，造成板块边沿及板块内部产生错动和破裂，是引起地震的主要原因。

地震开始发生的地点称为震源，震源正上方的地面称为震中。破坏性地震的地面振动最烈处称为极震区，极震区往往也就是震中所在的地区。

据统计，地球上每年约发生500多万次地震，即每天要发生上万次地震。其中绝大多数震级太小或太远，以至于人们感觉不到，只有5万多次人们能感觉得到，能造成破坏的地震约有1 000多次。人们感觉不到的地震，必须用地震仪才能记录下来，不同类型的地震仪能记录不同强度、不同距离的地震。全世界运转着数以千计的各种地震仪器，日夜监测着地震的动向。

2. 地震类型

按照地震性质进行划分，地震可分为人工地震和天然地震。

由人类活动（如开山、开矿、爆破等）引起的地震叫人工地震，除此之外便统称为天然地震。天然地震又可分为构造地震、火山地震和陷落地震。

构造地震亦称“断层地震”，由地壳（或岩石圈，少数发生在地壳以下的岩石圈上地幔部位）发生断层而引

起。地壳（或岩石圈）在构造运动中发生形变，当变形超出了岩石的承受能力，岩石就发生断裂，在构造运动中长期积累的能量迅速释放，造成岩石振动，从而形成地震。构造地震波及范围广，破坏性很大。全世界90%以上的地震、几乎所有的破坏性地震都属于构造地震。

按照震级大小进行划分，地震可分为弱震、有感地震、中强震和强震。

按照震源深度进行划分，地震可分为浅源地震、中源地震和深源地震。

按照地震发生在地球内部相对于地壳板块的不同位置进行划分，地震可分为板内地震和板间地震。

3. 地震危害

地震的破坏性大，成灾广泛。地震波到达地面以后会造成大面积的房屋和工程设施的破坏，若发生在人口稠密、经济发达地区，往往会造成大量的人员伤亡和巨大的经济损失。

地震造成的直接灾害有：

- 破坏建筑物与构筑物。如房屋倒塌、桥梁断落、水坝开裂、铁轨变形等。
- 破坏地层表面。如地面裂缝、塌陷、喷水冒砂等。
- 山体等自然物的破坏。如山崩、滑坡等。
- 海啸、海底地震引起的巨大海浪冲上海岸，造成沿海地区的破坏。

地震发生后，往往会引发次生灾害。有时，次生灾害所造成的伤亡和损失甚至大于直接灾害。地震引起的次生灾害主要有：

- 由电气设备短路、燃气泄漏、油管破裂、炉灶倾倒等火源失控引起的火灾。
- 由水坝决口、河堤决口或山崩壅塞河道等引起的水灾。

由山地、丘陵和比较崎岖的高原崩塌引起的滑坡和泥石流。

由建筑物或化学装置破坏等引起的毒气泄漏。

由震后生存环境的严重破坏所引起的瘟疫等。

4. 地震震级

地震有强有弱，用以衡量地震强度的“尺子”叫震级，震级可以通过地震仪器的记录计算出来。地震越强，震级越大。按震级大小可把地震划分为以下几类：

弱震：一般指3级以下地震，这类地震通常人们感

觉不到，只有仪器才能监测到。

有感地震：一般指3级以上、4.5级以下的地震。这类地震人们会有感觉，但一般不会造成破坏。全球每年发生3级以上地震5万余次。

中强震：震级大于4.5级、小于6级，属于可造成损坏或破坏的地震，但破坏程度还与震源深度、震中距等多种因素有关。

强震：震级大于或等于6级，是能造成严重破坏的地震。其中震级大于或等于8级的地震又称为巨大地震。

5. 地震烈度

用来衡量地震破坏程度的“尺子”叫作地震烈度。一般来讲，一次地震发生后，震中区的破坏最重，烈度最高，这个烈度称为震中烈度。从震中向四周扩展，地震烈度逐渐减小。

我国评定地震烈度的技术标准和世界上多数国家一样，采用12级的地震烈度表，用罗马数字表示。一般而言，Ⅰ～Ⅱ度一般无感，只有仪器能测到；Ⅲ～Ⅴ度时人们有感，门窗作响，吊灯摇晃；Ⅵ度时房屋会有损坏，Ⅶ～Ⅷ度时房屋受到破坏，地面出现裂缝；Ⅸ～Ⅹ度时房屋破坏或倒塌，地面破坏严重；Ⅺ～Ⅻ度为毁灭性破坏。

例如，1976年唐山地震，震级为7.8级，震中烈度为Ⅺ度；受唐山地震的影响，天津市区地震烈度为Ⅷ度，北京市多数地区地震烈度为Ⅵ度，再远到石家庄、太原等地的地震烈度就只有Ⅳ～Ⅴ度了。

6. 地震前兆

地震来临前，自然界出现的与地震孕育有关的现象称为地震前兆。常见的地震前兆有：

- 地下水位突然升、降，井水会发生打旋、变浑、冒泡、变色、有异味、自喷、泉源突然枯竭或涌出等现象。

- 出现暴雨、大旱、大涝、大雪、骤然增温、酷热蒸腾、怪风等反常气候现象。

- 动物行为会发生异常，或是惊慌不安，或是高飞乱跳，或是萎靡不振等。如鸡不进窝、飞上树；老鼠出动乱窜；冬天蛇出洞；大批青蛙上岸；牛、马、驴等惊惶不安、不进食、不进厩、乱闹乱叫、打群架、挣断缰绳逃跑、刨地、行走中突然惊跑等。

- 植物违反其生长规律出现异常现象。如花期提前或延后；有些植物在开花结果后又重新开一次花，甚至结果；极不易开花的植物突然开花结果；植物在震前突然枯萎死亡等。

- 地光异常现象。地光是在地震发生时，受振动波及之区域上空所出现的光。地震过程中的地光现象最为明显。地光出现的时间大多与地震同时，在震前和震后也存在目击记录。地光的出现方式与极光非常相似。地光的持续时间由几秒至几十秒不等。其形状有带状光、闪光、柱状光、片状光等，颜色也是多种多样的。

地声异常现象。地震发生时，一小部分地震波能量传入空气变成声波而形成的声音叫作地声。在基岩露出地表和表土层很薄的靠山地区，容易听到地声。听到地声的时间一般在感到地面振动之前，也有的在感到地面振动之后。

临近地震，震中附近地区的地球电磁场往往出现变化，如磁铁忽然失去磁性，收音机无法正常收听广播等。

专家提醒

要正确辨识地震前兆，千万不要看到一些异常现象，就轻易作出马上要发生地震的结论，更不要惊慌失措，而应当弄清异常现象出现的时间、地点和有关情况，保护好现场，向人民政府或地震主管部门报告，让专业人员调查核实，弄清事情的真相。

7. 地震预警

地震的成因

由于地下几千米至数百千米的岩体发生突然破裂和错动，这些破裂和错动释放的能量又以地震波的形式向四周辐射出去，形成地震。地震波是一种机械波，地震发生时，首先出现的是上下振动的P波（纵波），振动幅度较小，要过大约10秒到1分钟时间，水平运动的S波（横波）才会到来，造成破坏。地震预警就是利用地震发生后，P

波与S波之间的时间差。在距离震源50千米内的地区，会在地震前10秒收到预警信息；90~100千米内的地区，能提前20多秒收到预警信息。

预警时间

地震预警是指地震发生后，临近震中的观测仪器捕捉到地震波后，快速估测地震的震级并预测地震可能造成的影响，赶在破坏性的地震横波到达目标区域前发出紧急警报，为人们避险提供更多时间，以减轻灾害损失。

研究表明，如果预警时间为3秒，可使人员伤亡率减

少14%；如果预警时间为10秒和60秒，可使人员伤亡率分别减少39%和95%。

预警时间一般只有数秒到数十秒，少数可达20秒以上。如果能够充分利用这短暂的预警时间，机构和公众就能够采取紧急避险措施，如紧急制动高速行驶的列车，关闭燃气管道阀门、供电系统，使核电站停堆，公众撤离至附近的避难场所等，可以减轻或避免重大事故或人员伤亡。

预警信息的发布

预警信息的发布是政府的职责，主要是政府授权地震部门发布。目前，福建省、云南省、甘肃省、辽宁省和陕西省已出台地震预警管理办法。

目前，国内外预警信息发布的条件通常为：针对6级以上地震，面向预测地震烈度大于VI度的区域进行发布。

8. 地震应急避难场所

应急避难场所是为了人们能在灾害发生后一段时期内，躲避由灾害带来的直接或间接伤害，并能保障基本生活而事先划分的带有一定功能设施的场地。

在城市的公园、广场、体育场等开阔区域，人们时常能看到“应急避难场所”标志牌。

我国应急避难场所分类

Ⅰ类应急避难场所：具备综合设施配置，可安置受助人员30天以上。

Ⅱ类应急避难场所：具备一般设施配置，可安置受助人员10天~30天。

Ⅲ类应急避难场所：具备基本设施配置，可安置受助人员10天以内。

部分地区应急避难场所

我国很多城市已设立了多处应急避难场所，一旦发生地震等灾害，市民可就近到这些场所避难。例如：

北京市。至少已建成或改造成应急避难场所28处，包括朝阳区的朝阳公园、东城区的皇城根遗址公园、东城区的明城墙遗址公园、海淀区的海淀公园、东北旺中心小学等。

四川省成都市。已将26处公共场所确定为首批应急避难场所，包括塔子山公园（锦江区）、东湖公园（锦江区）、人民公园（青羊区）、火车北站广场人防工程（金牛区）等。

河北省邢台市。已在市区范围内至少设立了28处应急避难场所，包括邢台市体育馆广场、邢钢东区广场、邢钢南生活区、胜利北广场、邢台市八中操场、邢台市体育场、邢台市工业学校操场等。

9. 地震防御准备

为了能最大程度地减少地震带来的损失和伤害，在日常生活中，我们应预先做好防御准备工作。

了解房屋抗震情况。防震减灾实践表明，危害生命的不是地震，而是不抗震的建筑。如果自己居住的房屋未达到抗震设防标准，要及时加固。

熟悉周围环境，了解安全通道和附近的应急避难场所，地震时沿规划路线及时疏散。

合理放置家具物品。

✓ 放置物品重的在下、轻的在上。不可将过重物品摆放过高，固定好高大家具，以防倾倒伤人。

✓ 将床摆放在牢固墙体附近，尽量远离屋梁和悬挂的灯具。

✓ 把墙上的悬挂物和高大家具上的物品取下来，或将其固定，防止掉下来伤人。

及时清理杂物。

✓ 阳台护墙要清理干净，不要摆放花盆、杂物等，以免地震时掉落伤人。

✓ 通道上不要堆放杂物，保持通道畅通，以便人员疏散。

✓ 易燃易爆或有毒物品放在安全地带。

✓ 墙角尽量不要堆放杂物，多留意家中的安全三角地带，如桌旁、床边、沙发旁等，以便震时藏身。

家庭常备地震应急包，最好每人一个，防止家人失散后无法自救。要将应急包放在随手可拿到的地方，同时要及时更换应急包内的过期物品。应急包物品主要包括：

✓ 哨子。发生地震后万一被困，可用吹哨子的方式寻求救援。

✓ 手电筒。地震后往往会造成电力中断，特别是夜晚发生地震时，手电筒就会起到很大的作用。

✓ 手机。地震后尽快通过手机与外界联系。

✓ 雨衣。地震后常会下雨，雨衣可备不时之需。

✓ 口罩。地震后会造成灰尘或烟雾弥漫，戴口罩可保护呼吸道。

✓ 医药包。备好止血药、止疼药、消毒液、抗生素、酒精、绷带、医用纱布、创可贴等。

✓ 可供3日用的食品和饮用水。

✓ 身份信息卡等。注明姓名、住址、电话号码、血型、紧急联系人姓名等内容，便于救援人员参考。

定期检查燃气、电线管路等。液化石油气罐应予以固定，全家人均应清楚总开关位置及关闭方法。

进行家庭逃生演练。提前熟悉房屋内可以避险的位置，了解社区及周边的避难场所与逃生路线，练习“瞬间紧急避险”方法，约定好家人震后的聚集地点。以家庭为单位经常组织开展1分钟紧急避险、撤离和疏散的演练活动。

三、震时应急避险措施

Zhenshi Yingji Bixian Cuoshi

震时应急避险措施

1. 安全避震要点
2. 在家里
3. 在学校
4. 在商场、书店、展览馆等
5. 在影剧院、体育馆等
6. 在户外
7. 在野外
8. 乘坐交通工具
9. 在特殊作业空间

1. 安全避震要点

一旦发生地震，要掌握以下安全避震要点：

- 要保持镇定，不要慌乱，采取就近避震原则。
- 在具有抗震能力的房屋内，应就近躲避。在不具有抗震能力的房屋内，应及时向空旷地带疏散，保护头部，小心坠物。
- 寻找有利的避震空间。室内结实、不易倾倒、能掩护身体的物体下或旁边；卫生间、厨房等开间较小、有

支撑物的地方。

采取正确的避震姿势：趴下、蹲下或坐下，尽量使身体的重心降低，保护头部。

保护身体的重要部位：头、颈、眼、口、鼻。

逃生时切不可跳楼，也不可乘坐电梯。

专家提醒

一般而言，无论发生多么大的地震，剧烈摇晃的持续时间都是1分钟左右。所以发生地震时，应该就近躲避，震后再迅速撤离到安全地方。待摇晃稍微稳定后的1~2分钟内，关掉燃气、明火及电源，以免发生火灾。

2. 在家里

当发生地震时正在家中，应注意：

如果在厨房，要关掉燃气、明火及电源，以免发生火灾。

家住平房时应注意：

✓ 若正处在门边，可立即跑到屋外的空旷地带。

✓ 若来不及跑时，应迅速躲在坚实的床边、桌旁或紧

挨墙根和坚固的家具旁。抓住桌腿等身边牢固的物体。

家住楼房时要注意：

✓ 迅速远离外墙、门窗和阳台，选择管道多、跨度小的厨房、卫生间、储藏室等不易倒塌的空间。

✓ 千万不要乘坐电梯或躲到电梯里，要从安全通道撤离。

✓ 不要跟随人群向楼下拥挤逃生。

✓ 不要盲目跳楼，先就近躲避，等震后再迅速逃生。

用毛巾或衣物捂住口鼻，以免吸入灰尘引起窒息。

用身边物品保护头部，如棉被、枕头等。

3. 在学校

当发生地震时正在学校，应注意：

若在教室里，应迅速躲避在课桌下、讲台旁或内墙角三角区，远离窗户。

若在宿舍，躲避在承重墙的墙根、墙角、卫生间或结实的桌下、床下。

待摇晃稳定之后，听从老师的指挥或按平时的演练要求迅速、有秩序地撤离到楼外的空旷地带避险。

在操场或室外时，要注意远离围墙、玻璃幕墙，避开高大建筑物、危险物等，可迅速蹲下，将额头置于膝盖间，双手保护头部，千万不要返回教室。

4. 在商场、书店、展览馆等

当在商场、书店、展览馆等地方遭遇地震，应注意：

- 在结实的柜台、低矮家具、柱子边、内墙角等处就地蹲下，用身边物品或双手护住头部。
- 不要站在玻璃门窗或橱窗旁边。
- 不要站在高大不稳和摆放重物、易碎品的货架旁边。
- 不要站在吊灯、吊扇、广告牌等悬挂物下面。

5. 在影剧院、体育馆等

当在影剧院、体育馆时遭遇地震，应注意：

- 不要惊慌乱跑、相互拥挤。
- 若在座位旁边，可蹲在座椅旁、舞台脚下。
- 若在靠墙附近，可躲避在墙根、墙角处。
- 尽量避开吊扇、吊灯等悬挂物品。
- 在露天体育场时，可从看台疏散至场地中央暂时避险。
- 地震过后，在工作人员的组织下有序撤离。

6. 在户外

当发生地震时正处于户外，应注意：

在户外遭遇地震，随时会有被玻璃碎片或广告牌砸到的危险，应采取以下应急避险措施：

用手提包或其他衣物护住头部，迅速跑到公园或其他开阔地带，蹲下或趴下，以免摔倒。

避开人多的地方，不要随便返回室内。

避开高大建筑物或构筑物，例如：①楼房，特别是有玻璃幕墙的建筑；②过街天桥、立交桥；③高烟囱、水塔；④各种桥梁和隧道等。

避开高耸物或悬挂物，如变压器、电线杆、篮球架、自动售货机、路灯、广告牌、吊车以及悬挂在半空的电线等。

避开危险场所，如狭窄的街道、危旧房屋、危墙、女儿墙、易燃易爆物品仓库、化工厂等。

若开车行驶在桥上时遭遇地震，应立即加速行驶过去。

若在桥上步行时遭遇地震，应抓住桥两边的栏杆，防止掉下桥去。待摇晃停止后，应立即下桥，但不要躲到桥梁下面。

7. 在野外

在野外遭遇地震，应注意：

在野外遭遇地震时，要迅速向空旷地带转移，远离山脚、陡崖等危险地带，防止遭受滑坡、落石的伤害。

若遇到山崩、滑坡时，应沿着与岩石滚动相垂直的方向跑，切不可顺着滚石方向向山下跑；也可躲在结实的障碍物下、地沟里、地坎里。

在海岸边遭遇地震时，不应向远处疏散，而应向高处疏散，并注意收听海啸预警。在海啸警报解除之前，决不能靠近海边。

8. 乘坐交通工具

自驾车时遭遇地震，应注意：

逐渐刹车减速，在路边或宽阔地点停下，关闭发动机。

在摇晃停止之前不要下车，可在车内通过收音机收听地震消息。

应迅速驶离立交桥、陡崖、电线杆附近等危险地段，然后等地震过后再下车转移到安全的地方。

乘坐公共汽车时遭遇地震，应注意：

司机应尽快减速，逐步刹车，将车停在路边。注意避开立交桥、陡崖、电线杆附近等危险地段。

乘客要抓牢吊环、扶手或座椅靠背，降低重心，躲在座位附近，并用衣物护住头部。

不要擅自采取行动，应听从驾驶员或车内工作人员的指挥。

等车停稳、地震过后再下车转移到安全地点。

如果车内发生火灾必须逃生，而车门又无法打开时，应使用车内的破窗锤破窗逃生。

乘坐地铁或火车时遭遇地震，应注意：

应扶稳坐好，注意保护头部，听从乘务员指挥。

千万不要贸然下车，因轨道周边有高压电流，易导致触电。

停电时，切勿惊慌乱跑，应在工作人员的指挥下有序撤离，避免拥挤踩踏。

乘坐火车时，应迅速躲到座椅下，抓住座椅的钢管。

若无法躲到座椅下，应双手保护头部，将身体紧紧缩在一起，降低重心。

骑自行车时遭遇地震，应注意：

千万不要继续骑车赶路，应立即下车，将自行车放倒在路边。

迅速跑到公园或其他开阔地带，蹲下或趴下，用双手护住头部，就地避震。

避开高大建筑物或危险物，如楼房、烟囱、过街天桥、立交桥、变压器、电线杆、路灯、广告牌、吊车等。

9. 在特殊作业空间

在车间工作时遭遇地震，应注意：

- 立即启动应急预案，采取应急措施。
- 特殊岗位上的工人要关闭易燃易爆、有毒气体管道阀门，及时降低高温、高压管道的温度和压力，关闭运转设备。
- 就地在车床、机床及高大稳固的设备旁躲避。
- 不要躲在高吊的重物下面和货堆旁边。

在井下工作时遭遇地震，应注意：

不要慌忙涌向井口逃生，应立即在有支撑物的巷道内避震。

不要停留在井口、井内交叉口、井下通道的拐弯处。

应迅速有序撤离掘进工作面，因为掘进工作面或竖井出口处有时支护差，临空面暴露多，一经振动可能塌落，造成人员伤亡。

若井口塌方，暂时不能返回地面，要保持沉着冷静，由专人指挥，尽量保存体力，等待救援人员到来。

四、震后自救与互救方法

Zhenhou Zijiu Yu Hujiu Fangfa

震后自救与互救方法

1. 被埋压时的自救方法
2. 搜救被困人员的方法
3. 正确的救助原则
4. 正确的施救方法
5. 脱险后的应急救护措施

1. 被埋压时的自救方法

震后如果被埋压，应保持沉着冷静，分析处境，设法自救，等待救援。自救时应注意：

避免乱喊乱叫，因为喊叫会增加氧的消耗，使耐受力下降，喊叫时也会吸入大量烟尘，容易造成窒息。

要设法把双手从埋压物中抽出来，挪开头部周围、胸前的杂物，保持呼吸畅通。

尽量用湿毛巾、衣物或其他布块捂住口鼻和头部，防止灰尘呛闷或吸入煤气、毒气等发生窒息。

避开身体上方不结实的倒塌物和其他容易掉落的物体。

用周围的砖石、木棍等物品支撑身体上方的重物，以防发生余震，进一步塌落。

试着寻找和开辟通道，朝着有光亮、宽敞的地方移动，千万不要使用明火。

如果受伤，要设法用衣服等先包扎伤口，以免失血过多，造成昏迷。

如果暂时无法脱险，要寻找一切可以维持生命的食物和液体，等待救援。

利用一切办法向外界求救，身边如果有水管或暖气管，用硬物敲击管道，向外界传递消息。这样的求救信号在危急的时刻也是至关重要的。

2. 搜救被困人员的方法

根据震前房屋结构、地震发生时间和震后环境等实际情况，采取行之有效的搜救方法，这样能最大效率地将被埋压者救出来。搜救时应注意：

了解当地的街道情况和建筑物分布情况。根据房屋结构，确定被埋压者位置，再根据地震发生时间，确定

被埋压者可能在的位置。例如：地震发生在用餐时间还是夜间睡觉时间，则可推测出被埋压者在餐厅、厨房还是卧室等位置。

询问熟悉情况的人，确定幸存者的可能位置。

贴耳侦听幸存者的呼救、呻吟和敲击声，一边敲打一边听，一边用手电筒照一边听。

仔细观察有没有露在外边的肢体、血迹、衣服或其他迹象，特别注意门道、屋角、房前、床下等处。

在废墟空隙或者排除障碍钻进去的地方寻找幸存者。这时要注意有无爬动的痕迹及血迹，以便寻找已经筋疲力尽的被埋压者。

通过搜救犬、人工喊话、敲击声等方法寻找。喊话或敲击后，暂停几秒钟静听是否有人回应。

使用红外、测声、光学探测仪和无线电测向定位等高科技探测技术寻找。

3. 正确的救助原则

搜救遇险者，应掌握以下4大原则：

优先救助近处的人员。

遇到被埋压的遇险者，应该立即抢救离自己最近的人，避免舍近求远，错过救人良机。

优先救助容易被救出的人员。

先救埋压不深、容易救出的人员，这些人可以在获救后，加入救援的队伍。

优先救助青壮年和医务人员。

救出年轻、体力壮的人员，可使他们迅速在救灾中发挥作用。

优先救助医院、学校、幼儿园、影剧院等人员密集场所的人员。

人员密集场所可能埋压着大量的人员，到这些地方搜救效率相对较高。

专家提醒

掌握以上原则，是为了争取时间，最大限度地减少由于扒救挖掘的拖延和失误错过最佳救援时间而造成伤亡。

4. 正确的施救方法

地震发生后，要根据现场环境和条件的实际情况，采取行之有效的施救方法。一旦发现被埋压者应注意：

先使被埋压者露出头部，清除其口鼻中的灰尘，使其呼吸通畅，若已窒息，立即进行人工呼吸。

然后清理被埋压者胸部的埋压物，再设法将其上肢和下肢解脱出来。

当被埋压者不能自行爬出时，不要硬拉，而应扒救，待其身体全部露出后再抬起。施救时应注意：

✓ 当扒挖接近到被埋压者时，应停止使用工具刨挖，带上防护手套用手扒挖和清理埋压物。

✓ 尽快使封闭空间与外界连通，以便新鲜空气注入。

✓ 如果灰尘过大，可喷水降尘，以免被救者和施救者窒息。

✓ 及时为被埋压者提供饮水、食品、药品等，以增强其生命力，确保幸存者安全。

如果一时难以救出幸存者，应采取以下措施：

✓ 设法保证被埋压处通风。

✓ 在条件允许时为被埋压者提供适量的饮水、食物及所需药品等。

✓ 保护好支撑物，做好标记，寻求专业救援人员施救。

✓ 以言语进行鼓励和安慰，给予其生存的信心。

专家提醒

在扒救被埋压者时要特别注意：①不要盲目撤除支撑物，以防引起新的垮塌；②切不可对被埋压者强拉硬拖，避免对被埋压者造成新的伤害。

5. 脱险后的应急救护措施

对于长时间被埋压者，为了避免继发性伤害，救出后应给予特殊护理：

- 用深色布块蒙住获救者的眼睛，避免强光刺激。
- 不要使其突然呼吸大量的新鲜空气。

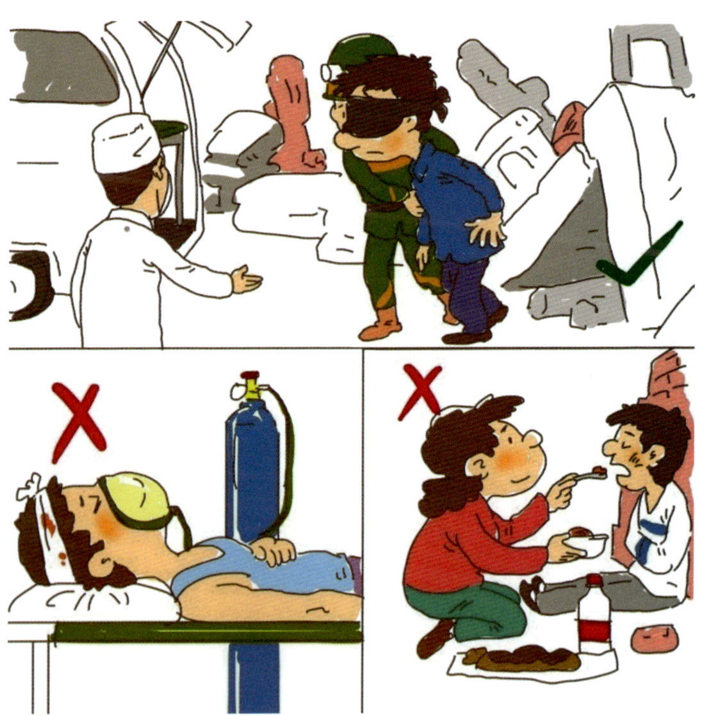

不要让获救者一次进食大量的水和食物，避免其因大量饮水或进食造成急性胃扩张而导致严重后果。

要避免获救者情绪过于激动。

可用衣被、绳索、门板、木棍等组合成简易担架搬运伤员，最好将伤员固定，禁止一人抬肩、一人抬腿的错误搬运方法。昏迷伤员应侧卧或头侧位。

对于危重伤员，尽可能在现场进行急救，然后迅速送往医院或医疗点。急救方法和措施通常有：

✓ 心脏复苏法：判断意识→呼救→摆成仰卧位→打开气道→检查呼吸→口对口吹气→检查脉搏→心脏按压。

✓ 止血：指压（压迫）止血、加压包扎止血、填塞止血、止血带止血。

✓ 包扎：可使用绷带、三角巾进行包扎，也可就地取材。包扎时要注意轻、快、准、牢、先盖后包，不可过紧或在伤口上打结。

✓ 固定：可用夹板、书本或树枝等进行固定。固定的目的是避免进一步损伤，减轻疼痛，便于搬运。

对于意识丧失的伤员，必须立即呼救。寻求医务人员进行紧急抢救。

专家提醒

对于有开放性伤口的伤员，应先止血、包扎、固定骨折（尤其是开放性骨折）；对于颈、脊椎、腰部剧痛的伤员，应尽量使其平躺在硬板上。搬运时，要注意保护伤员的颈椎、脊柱和骨盆。

五、震后次生灾害防范与应急避险措施

Zhenhou Cisheng Zaihai Fangfan Yu Yingji Bixian Cuoshi

震后次生灾害防范与应急避险措施

1. 火灾
2. 水灾
3. 滑坡和泥石流
4. 有毒物质泄漏
5. 卫生防疫

强震发生后，自然以及社会原有的状态被破坏，可能引起火灾、水灾、山体滑坡、泥石流、海啸、毒气污染、细菌污染、放射性污染等次生灾害；沿海地区可能遭受海啸的袭击；由于人、畜尸体来不及处理，卫生条件的恶化，还可能引起环境污染和瘟疫流行；震时有的人跳楼、公共场所的群众蜂拥外逃可造成被称为“盲目避震”的摔、挤、踩等伤亡。

随着生产力的发展，一些新的次生灾害也可能出现，如高层建筑玻璃损坏造成的“玻璃雨”灾害、信息储存系统破坏引起的“记忆毁坏”灾害等。

1. 火灾

地震发生时，由于电线短路、燃气泄漏、油管破裂、炉灶倾倒等原因，往往会造成火灾。火灾是地震次生灾害中最常见、最严重的灾害。当感觉到地震时应尽可能迅速切断电源、燃气，防止火灾的发生。

如果地震引起火灾，应注意：

用湿毛巾捂住口鼻，以防浓烟熏呛。如果没有毛巾也可用浸湿的衣物等代替。

如果火势较大，环境温度很高，可用水浸湿衣服或被子等披在身体上隔热，弯腰撤离火场。

住在三楼以下逃生时，可用窗帘、床单结成绳子，拴在坚固的构件上，顺势滑下，或利用排水管等逃生。

如果衣服起火，可就地打滚将火压灭。

2. 水灾

水域附近发生地震，可能引起海啸、水坝崩溃、水库开裂、河堤决口等，致使洪水泛滥；地震若发生在山区，山体崩塌可能堵塞河道，形成堰塞湖，垮塌后也会造成洪水灾害。

如果地震引发水灾，应注意：

- 及时了解震区大坝和堰塞湖的安全信息，得到通知应立即撤离危险地带。
- 远离海岸、水渠、河堤两岸，避开山涧、谷底。

- 选择在河流两侧的斜坡、山丘上避难。
- 避开狭窄的巷子及建筑物密集地带，躲避到高地上。
- 若来不及撤离，可到坚固的高大建筑物上躲避。
- 严禁在下游河道搭建抗震棚。

3. 滑坡和泥石流

我国是一个多山的国家，山地、丘陵和比较崎岖的高原占全国总面积的三分之二。这些地区地震时一般都伴随不同程度的崩塌、滑坡和泥石流灾害，这是一类严重的地震次生灾害。

如果地震引发了滑坡或泥石流，应注意：

- 当滑坡体下滑时，应迅速向垂直滑坡方向的两边山坡跑，不要沿着滚石方向跑。
- 不要停留在低洼处，也不要爬到树上躲避。
- 不要躲在有滚石和大量堆积物的陡峭山坡下面。
- 若来不及逃跑，则可以蜷缩成一团，用手保护头部。

4. 有毒物质泄漏

若地震使各种输油管道、输气管道、剧毒或强腐蚀性物质储罐破坏，核电站及核设施工程受损，会引发震后毒气泄漏以及细菌和放射性物质污染，对人、畜生命造成威胁。

为了避免有毒物质泄漏造成的危害，震后应注意：

地震后，避险应注意远离危险场所，如危险化学品生产厂，易燃、易爆品仓库等。

一旦发现剧毒或易燃气体溢出，细菌、毒气容器破坏，要封锁现场，场内人员尽快撤出，防止过路行人进入，以免造成中毒或成为传播媒介。

弄清风向，用湿毛巾捂住口鼻，逆风逃离。

切忌使用明火，以免引发可燃气体的燃烧或爆炸。

5. 卫生防疫

强震发生后，由于大量房屋倒塌，下水道堵塞，会造成垃圾遍地，污水横溢，再加上畜禽尸体腐烂变臭，极易引发传染病并迅速蔓延。

震后的卫生防疫工作应注意：

饮用水源要有专人保护，饮水时最好先进行净化、消毒；要创造条件喝开水。

可大范围喷洒药物消灭蚊蝇。蚊蝇是乙型脑炎、痢疾等传染病的传播者。在有疟疾发生的地区，要特别注意防蚊。

发现突然发高烧、头痛、呕吐等现象，应尽快就医。

应保持良好的卫生习惯，保持乐观向上的情绪，注意身体健康，加强身体锻炼。

六、典型案例

Dianxing Anli

典型案例

1. 日常开展应急逃生演练，成功避险
2. 暴露口鼻，便于呼吸
3. 扩大活动空间，击石传声求救
4. 抢救被埋压者，施救有序

1. 日常开展应急逃生演练，成功避险

2008年5月12日14点28分，四川汶川发生里氏8级特大地震，最大烈度达Ⅺ度。大地抖动的一瞬间，四川安县桑枣中学全校2 200多名学生在各班教师的统一带领下，立刻趴在课桌下进行自我保护。当震波刚过去的一刹那

间，各班学生按照学校的统一指挥迅速有序地疏散到了操场上，全校31个班2 200多名学生、上百名老师，从不同的教学楼和教室中，全部冲到操场，并以班级为单位组织站好，仅用时1分36秒。强烈的地震严重地破坏了学校的房屋和各种设备、设施，但两千多名师生却全部成功疏散，无一人伤亡。

成功经验

四川安县桑枣中学全校师生在汶川地震中全部成功逃生主要有两个因素。

一是该学校校长叶志平同志，为了防范教学楼发生安全事故，自筹资金对这座楼进行了防危加固。在这次大地震中，这座被加固的教学楼尽管损坏严重但没有垮塌。

二是从2015年开始，学校每学期要在全校组织一次应急疏散演练，学校为每个班规划好固定的疏散路线，两个班疏散时合用一个楼梯，每班必须排成单行疏散。每个班级疏散到操场上的位置也是固定的。因此，学生在突发事件来临时不会惊慌失措，而是沉着应对。

专家提醒

学校应定期组织应急疏散演练，向学生普及应急避险的正确方法，提前规划地震发生时应急疏散的程序、方式、路线和安全避险区域，提高师生面对地震灾害时的应急反应能力，确保在地震来临时应急预案能够快速启动，从而最大限度地保护师生的生命安全，减少不必要的非震伤害。

2. 暴露口鼻，便于呼吸

震前，某女士居住在平房。地震发生后，因房屋倒塌，她被埋压在炕沿下，自己无力脱险。因受到炕沿的保护，并未受伤，但由于埋压得太实，难以呼吸。

成功经验

此案例中遇险者成功脱险的主要经验是首先解决了呼吸问题。

由于和她在一起的家人被埋压得较轻，手还可以动，见她处境很危险，急忙帮她清理了口鼻周围的尘土，留出了可供呼吸的空间，得以喘气。在他们耐心地等待之后，很快被发现。当救援人员确定了其头部被埋压的位置后，先挖开头部周围的堆压物，然后继续向下挖，挖出一个洞后将她抬出来，最终得以幸存。

专家提醒

被埋压后应酌情而定，不要乱挣扎，首先应设法解决呼吸问题，这是自救的首要一步，否则即使没砸伤，也容易因窒息而死亡。

3. 扩大活动空间，击石传声求救

震前，王某住在单身宿舍楼。宿舍楼是砖墙槽型预制板顶结构，共两层，王某住在一层。王某熟睡时强烈地震发生了。王某立即下床，躲到靠墙的一个桌子旁，这时楼房倒了。二层高的楼房成了废墟，王某被压在门西边的墙角处，四周全是砖头、石块。

成功经验

王某蜷曲着身子，头顶紧贴预制板，没有一点可移动的地方，当时余震不止，砖石继续倒塌，越压越实。这时王某摸黑把周围的砖石清理到左侧桌子下面，使活动空间变大，左手也可以活动了。15分钟后，有了一块小小的活动空间，王某又把捡起的石块垒成石垛和小墙，顶住了摇摇欲坠的预制板。当晚较强余震发生时，小墙起到了很好的支撑作用。王某每抽出一块石头，都要摸一下周围砖石，怕由于松动引起楼板下滑。不久，隐约能听到外面说话。王某大声呼喊，并敲击砖石求救，在等待扒救期间，为了保存体力，王某没有再采取自救行动，大约过了1小时，王某成功获救。

专家提醒

震后如果发现自己不能脱险时，应采取延长生存时间的自救措施，不要乱喊乱叫，尽量保存体力；要冷静观察自身所处环境，努力创造生存的安全条件和易于被外面人员发现的条件。

4. 抢救被埋压者，施救有序

滦县农民徐某一家六口住在用石头和灰渣垒的三间平房里。地震时，房屋倒塌，但由于徐某跑得快，未被埋压。二儿子被房檩子压住脖子，连呼吸都相当困难；侄子坐在炕上，房顶塌下来压在他上面；另外两个儿子都被西屋的柜子和家具埋压；老婆被埋在东屋炕上，身上压着墙砖和瓦片。五口人被埋压无法脱险。

成功经验

由于被埋压者较多，徐某认为，应该先救命后救人。于是，他先将压在二儿子脖子上的房檩子搬开，使他呼吸畅通，不至于窒息；再回去继续救其他人，最后一家人终于得以幸存。

专家提醒

在抢救被埋压者时，一般都按照先近后远、先易后难的原则进行。救人时应仔细寻找，准确判断埋压位置，注意观察被埋压者周围的环境，保证所有人员的安全，慎用工具，以免误伤。由于震后每个人埋压位置和姿势不尽相同，施救措施要因情而定。